Hair Color Consultant Workbook

헤어컬러 컨설턴트 워크북

구민사

곽진만 사단법인 뷰티창업경영전문가협회 이사장

김미정 대구보건대

이세희 경북보건대

이효숙 전주비전대

정현숙 대전과기대

헤어컬러 컨설턴트 워크북

초판인쇄 | 2024년 2월 15일
초판발행 | 2024년 2월 25일

저　　자 | 곽진만 · 김미정 · 이세희 · 이효숙 · 정현숙
발 행 인 | 조규백
발 행 처 | 도서출판 구민사

전　　화 | (02) 701-7421
팩　　스 | (02) 3273-9642
홈페이지 | www.kuhminsa.co.kr

신고번호 | 제2012-000055호(1980년 2월 4일)
I S B N | 979-11-6875-357-0 (93590)

정　　가 | 25,000원

헤어컬러 컨설턴트 워크북

학업은 학문을 연구하는 것이며, 학문의 발전은 자연현상, 사회현상을 연구함으로써 철학, 과학, 의학, 심리학 등의 발전을 가져왔다. 또한 사회 및 경제의 발전으로 다양한 학문의 발전에 이바지했다. 따라서 서비스 산업의 문제를 찾고 개선 및 적용할 수 있는 연구를 통하여 산업 발전에 이바지할 것이다. 사람은 아는 만큼 보고 생각하며 말하게 된다. 따라서 학문의 지식을 높여 한층 성장하시길 바란다.

서비스 산업의 종류가 다양해지고 서비스 기업의 평균적인 규모도 크게 향상되고 있다. 이러한 현상은 경제 성장과 더불어 기술발전으로 인해 소비자 요구가 다양화되어 새로운 서비스에 대한 수요가 창출되고 있다.

이는 서비스 산업이 성숙하고 글로벌 경쟁 양상으로 기업 간의 경쟁이 심화하여 규모의 경제를 활용한 경쟁력 향상이 요구되기 때문이라고 할 수 있다. 이러한 경제의 서비스화는 더 빠른 속도로 진행될 것으로 예상하기 때문에 학문의 기초를 다짐으로써 경쟁력을 향상해야 한다.

본 헤어컬러 컨설턴트 워크북은 NCS 기반 학습자료로 NCS 이 · 미용학습 모듈을 기반으로 이 · 미용의 한 부분인 헤어컬러의 공통능력 단위인 기초 헤어 컬러링과 응용 헤어 컬러링으로 나눠 내용을 구성하였다.

기초 헤어 컬러링의 구성은 모발생리학, 색채이론과 퍼스널 컬러, 탈색이론과 실무, 염색 기초이론으로 구성하여 헤어 살롱 현장에서 활용도를 높일 수 있도록 만들었으며, 응용 헤어 컬러링은 재염색 기법의 실무인 컬러 체인지 그리고 컬러 디자인의 테크닉인 호일워크 작업방법을 통하여 디자인 컬러의 표현 방법과 활용을 완성도 있게 구성하였다.

PREFACE

헤어컬러 컨설턴트 워크북은 총 15가지의 실습과제를 통하여 현장에서 활용되는 내용으로 실습을 제시하여 완성도 높은 헤어 컬러리스트가 될 수 있도록 제시하였다. 따라서 그에 따른 활용방법을 숙지하고, 연습하여 더욱 전문가로 성장할 수 있기를 바란다.

이 책의 출판을 위해 적극적으로 도움을 주신 도서출판 구민사 조규백 대표님과 직원 여러분께 깊은 감사 드린다.

저자 일동

Part 01

모발 이야기

Part 02

색채 이야기

CONTENTS

Part 03

퍼스널 컬러 이야기

Part 04

탈색 이야기

Part 05

염색 기초 실무 이야기

CONTENTS

Part 06

재염색 이야기

Part 07

호일워크 이야기

Hair Color Consultant

Part 01

모발 이야기

1 모발과 피부의 구조 이해

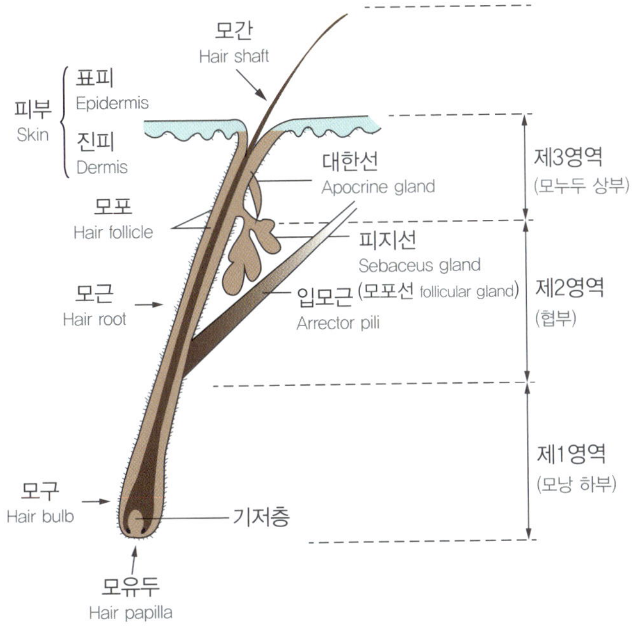

모간부의 구조

모표피, 모피질, 모수질의 3층 구조

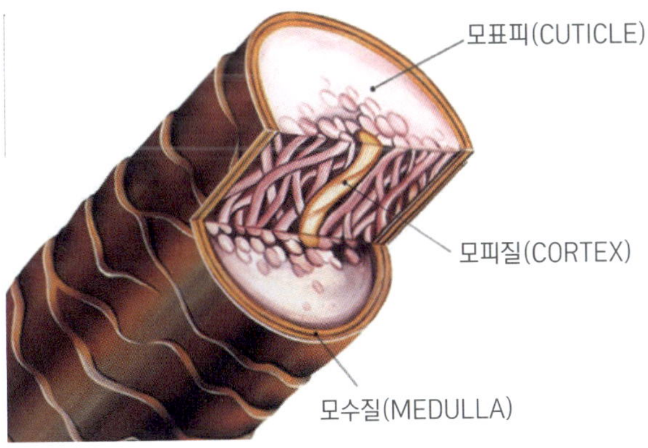

2 | 멜라닌 색소 종류

멜라노사이트

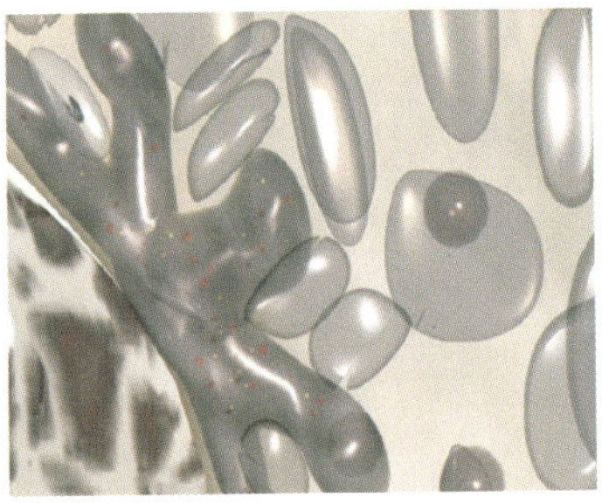

입자형 멜라닌(유멜라닌)

분사형 멜라닌(페오멜라닌)

멜라닌 색소의 구성에 따른 모발의 밝기

명도	자연모 레벨 색상명	색소 %	언더코트 색상	멜라닌 색소 구성
10	플래티늄 블론드	10	아주 밝은 노랑	
9	가장 밝은 블론드	20	밝은 노랑	
8	밝은 블론드	30	노랑	
7	블론드	40	노랑 오렌지	
6	어두운 블론드	50	오렌지	
5	밝은 브라운	60	붉은 오렌지	
4	브라운	70	빨강	
3	어두운 브라운	80	빨강	
2	가장 어두운 브라운	85	빨강	
1	검정	90	빨강	

- 언더코트(Under Coats) : 모발을 탈색할 때 얻어지는 바탕색인 2차 기여색상

3 모발의 생명주기

성장기(Anagen)

퇴화기(Catagen)

휴지기(Telogen)

4 모발의 주요 성분이해

케라틴(Keratin)

케라틴 단백질	
탄소(C)	50 ~ 60%
수소(H)	4 ~ 5%
산소(O)	25 ~ 30%
질소(N)	8 ~ 12%
황(S)	5%
미네랄, 멜라닌 색소	

실습과정 포트폴리오

유멜라닌(입자형)과 페오멜라닌(분사형)

	파랑	빨강	노랑
9			
8			
7			
6			
5			
4			
3			
2			
1			

Hair Color Consultant

Part 02

색채 이야기

1 빛과 색의 이해

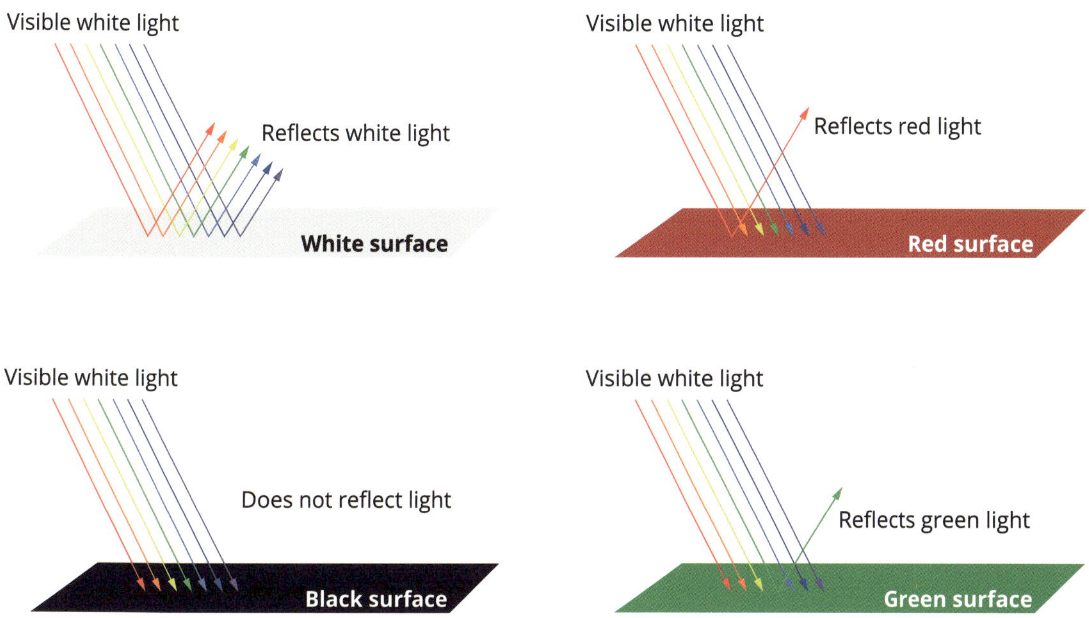

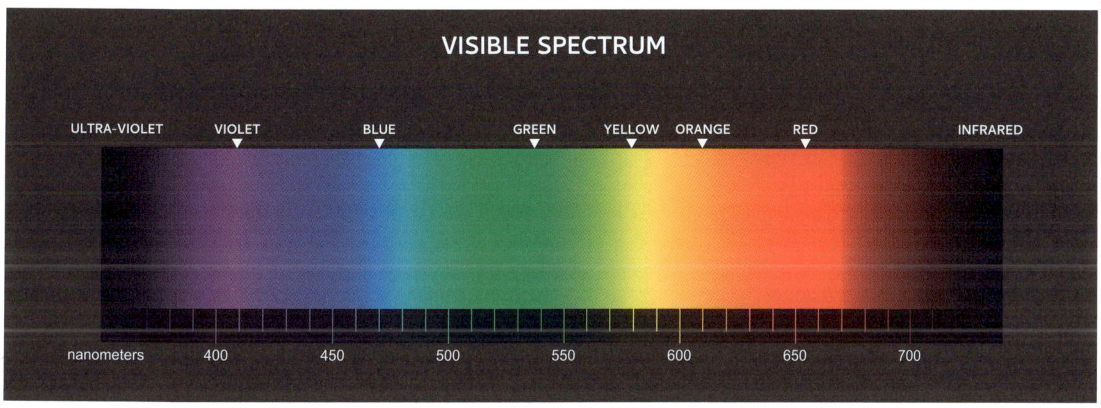

스펙트럼을 통해 본 가시광선

2 색의 3속성

색상

명도

채도

- BLUE 파랑의이미지

- RED 빨강의 이미지

- YELLOW 노랑의 이미지

3 색의 삼원색

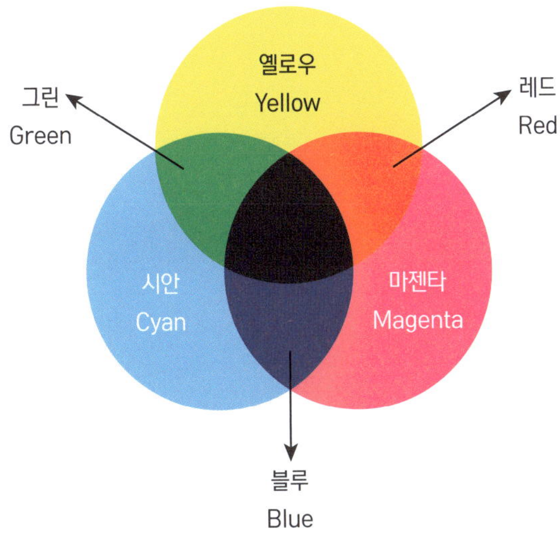

4 2차 색상

빨강 + 파랑 = 보라

노랑 + 빨강 = 오렌지

파랑 + 노랑 = 초록

5 3차 색상과 색의 보색

색상환에서의 보색 관계

기본색	2차 색상	3차 색상
빨강(Red)	보라색	적보라색
		청보라색
노랑(Yellow)	오렌지색	주황색
		주홍색
파랑(Bule)	초록색	청록색
		연두색

6 색상의 중화

염색의 시술에서 모발에 오렌지의 색상이 있다고 가정을 하고, 고객이 희망하는 색상이 갈색 계열의 기본색이라고 하면 어떻게 서비스를 제공할 것인가?

1차 색상	중화색상	중화의 결과 색상
빨강(Red)	초록색	갈색계열
노랑(Yellow)	보라색	갈색계열
파랑(Bule)	오렌지색	갈색계열

실습과정 포트폴리오

기본색	2차 색상	3차 색상
빨강(Red)	보라색(+)	적보라색(+)
		청보라색(+)
노랑(Yellow)	오렌지색(+)	주황색(+)
		주홍색(+)
파랑(Blue)	초록색(+)	청록색(+)
		연두색(+)

1차 색상	중화색상	중화의 결과색상
빨강(Red)	초록색(+)	갈색계열
노랑(Yellow)	보라색(+)	갈색계열
파랑(Blue)	오렌지색(+)	갈색계열

7 색채의 심리

흰 색	
회 색	
검은색	

색상 / 톤	밝은 색인 경우	순색인 경우	어두운 색인 경우
빨강색			
주황색			
노란색			
초록색			
파란색			
남색			
보라색			

실습과정 포트폴리오

염모제 도포방법

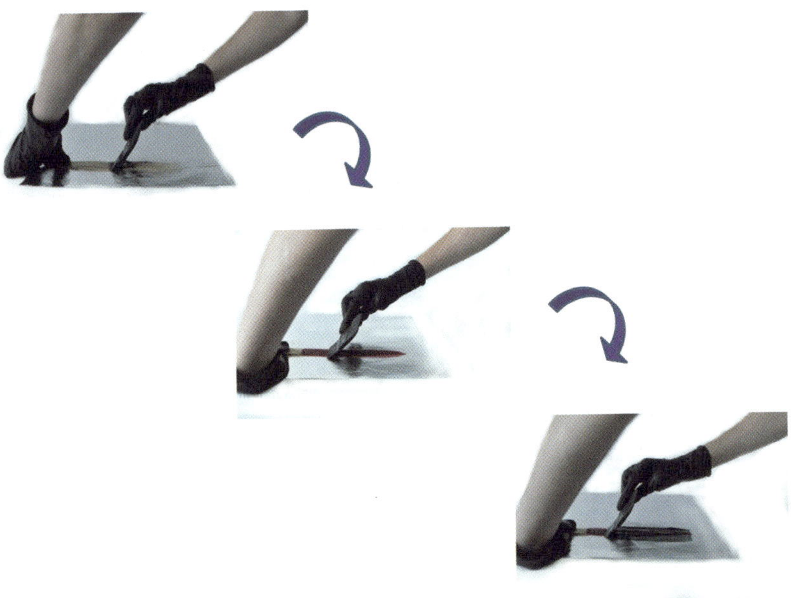

2차 색상 만들기

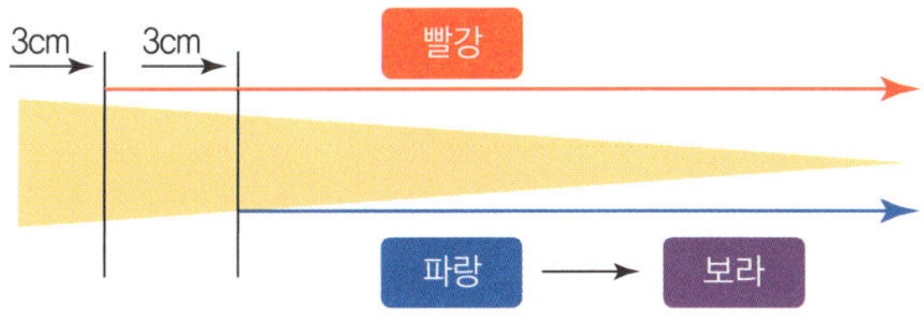

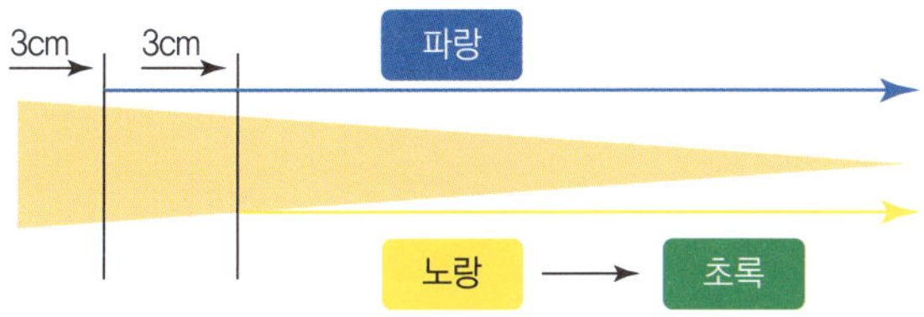

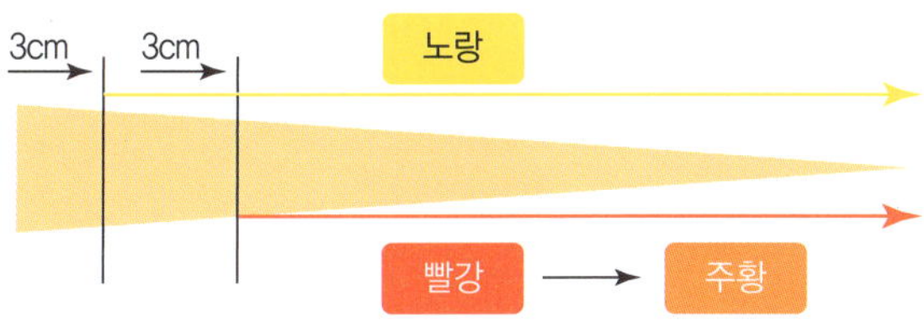

색상 중화 만들기

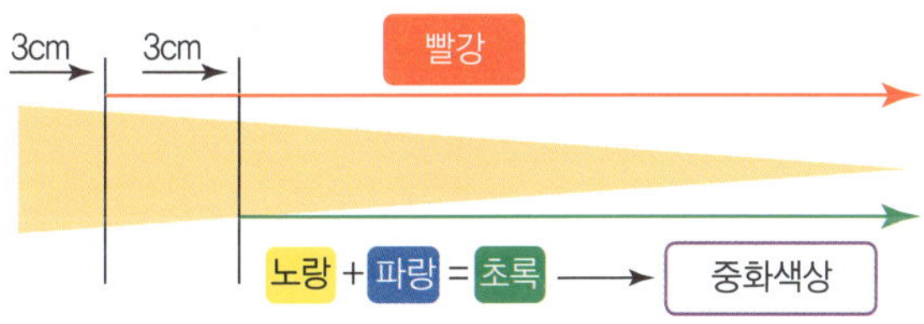

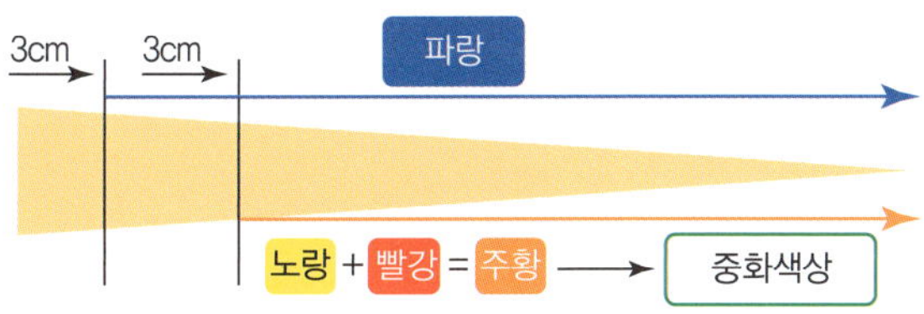

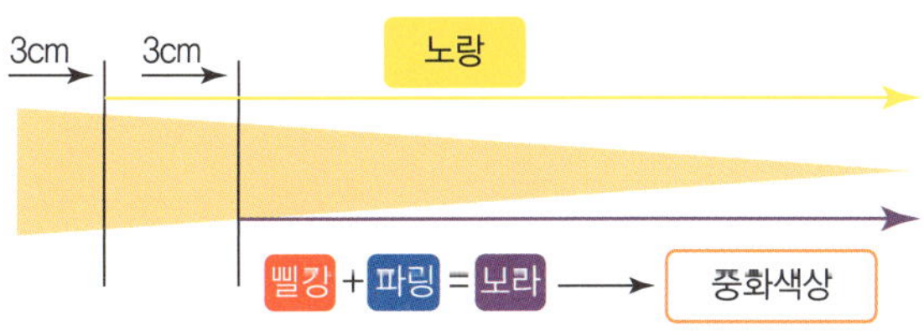

Hair Color Consultant

Part 03

퍼스널 컬러 이야기

1. 퍼스널 컬러의 의미

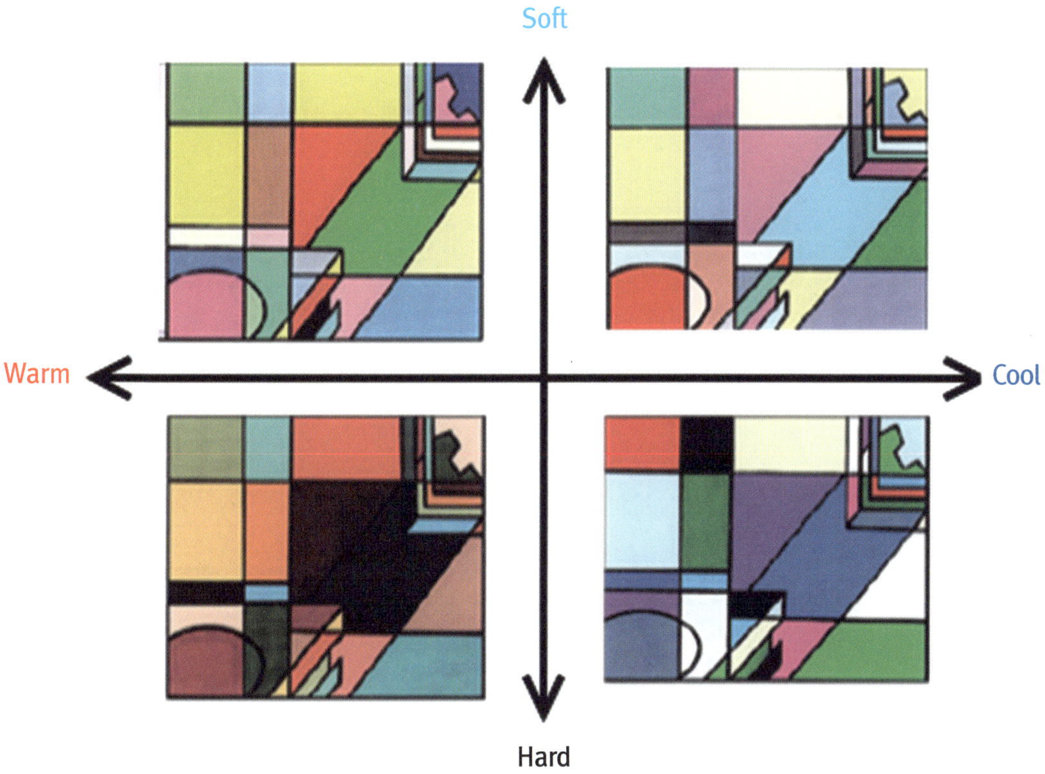
Soft
Warm
Cool
Hard

Spring
Summer
따뜻한 색상
차가운 색상
Autumn
Winter

2 퍼스널 컬러의 진단과정

쿨톤과 웜톤, 명도의 구분

사계절 진단

Warm & Vivid
부드러운(Soft)
귀여운
밝은
어린이
발랄한
활동적인
경쾌한
선명한
동적인(Dynamic)
Elegance & Romantic
시원한
깔끔한
부드러운
맑은
로맨틱
엘레강스
은은한
내추럴
부드러운(Soft)
정적인(Static)
Natual & Classic
정적인(Static)
딱딱한(Hard)
우아한
화목한
모던한
클래식
중후한
안정된
따뜻한
온화한
Cool & Dynamic
동적인(Dynamic)
딱딱한(Hard)
강한
차가운
딱딱한
무거운
화려한
도시적인
세련된
다이나믹

실습과정 포트폴리오

봄 Bright Spring

여름 Pastel Summer

실습과정 포트폴리오

가을 Deep Autumn

실습과정 포트폴리오

겨울 Brilliant Winter

실습과정 포트폴리오

봄 이미지의 헤어컬러

여름 이미지의 헤어컬러

가을 이미지의 헤어컬러

겨울 이미지의 헤어컬러

Hair Color Consultant

Part 04

탈색 이야기

1 탈색의 자연적 요소와 인위적 요소

모발의 멜라닌 색소를 탈색시키는 요소는 자연적인 요소와 인위적인 요소로 말할 수 있다.

모발을 밝게 해주는 두가지 방법 모두 산소가 작용합니다.

자연적으로 밝아짐

인위적으로 밝아짐

2. 탈색제와 산화제의 특성

영구 염모제에서 사용되는 산화제는 탈색제에 사용되는 산화제와 같다. 즉, 산화제에는 35% 과산화수소수 원액을 사용한다.

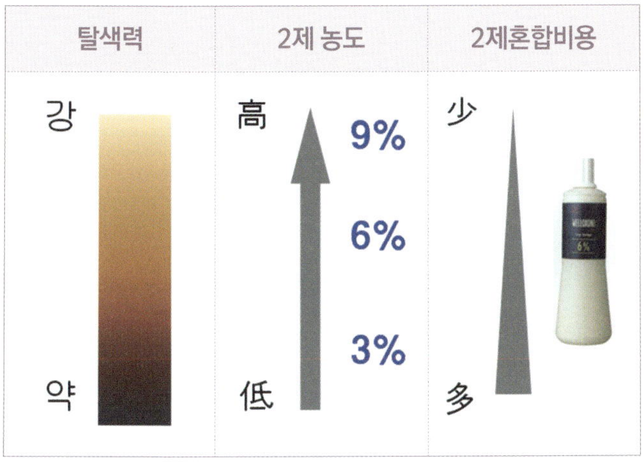

• 산화제 종류별, 탈색제와의 혼합 비율에 따른 탈색 정도를 파악하는 것이 중요하다.

3. 블리치 레벨(Bleach Level)의 이해

	블리치 레벨	넘버링으로 전환
10	아주 밝은 노랑	10.03
9	밝은 노랑	9.3
8	노랑	8.3
7	노랑 오렌지	7.43
6	오렌지	6.4
5	붉은 오렌지	5.64
4	빨강	4.6
3	어두운 빨강	
2	빨강(적보라)	
1	검정	

4 | 블리치 레벨 진행 체크 시트표

블리치 레벨 차트

BL 4번	BL 5번	BL 6번	BL 7번	BL 8번	BL 9번	BL 10번

실습과정 포트폴리오

• 다음과 같은 조건에 결과를 포트폴리오하시오.

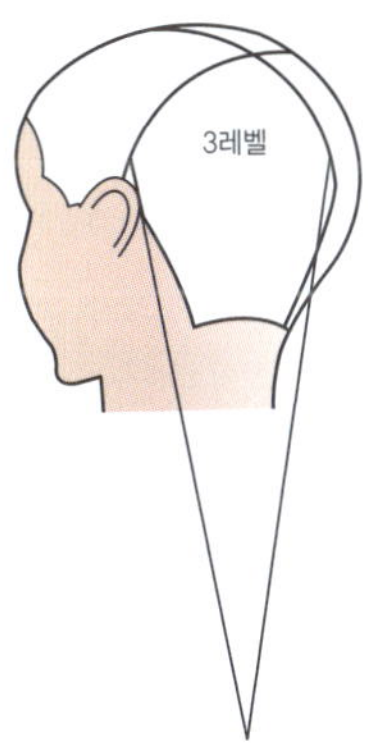

산화제 종류별 비율 탈색제(1) : 산화제(3)		
3%(BL 5) 방치시간	6%(BL 5) 방치시간	9%(BL 5) 방치시간

탈색제와 산화제(6%) 혼합 비율, 방치시간 20분				
1 : 1	1 : 2	1 : 3	1 : 2 : 1	1 : 2 : 1 : 1

• 각 블리치 레벨의 작업 조건과 결과를 포트폴리오하시오.

	4	5	6	7	8	9	10
블리치 레벨	빨강	붉은 오렌지	오렌지	노랑 오렌지	노랑	밝은 노랑	아주 밝은 노랑
혼합비율							
방치시간							
작업횟수							

Hair Color Consultant

Part 05

염색 기초 실무 이야기

1. 염색제의 종류

염모제의 주성분에 의한 분류와 지속 기간에 따른 분류

2 | 반영구 염모제의 특성

반영구 염모제는 흔히 산성 컬러(Acid color), 헤어 매니큐어라고 하며, 1제만으로 구성되어 있으며, 다른 화합물과 혼합하여 사용하지 않기 때문에 직접 염모제(Direct color)라고도 한다. 반영구 염모제는 보통 약산성을 띠는 염모제이며, 제품에 따라 또는 모발의 손상 정도에 따라 유지력의 차이를 보이나 보통 2~4주의 유지력을 가지고 있다.

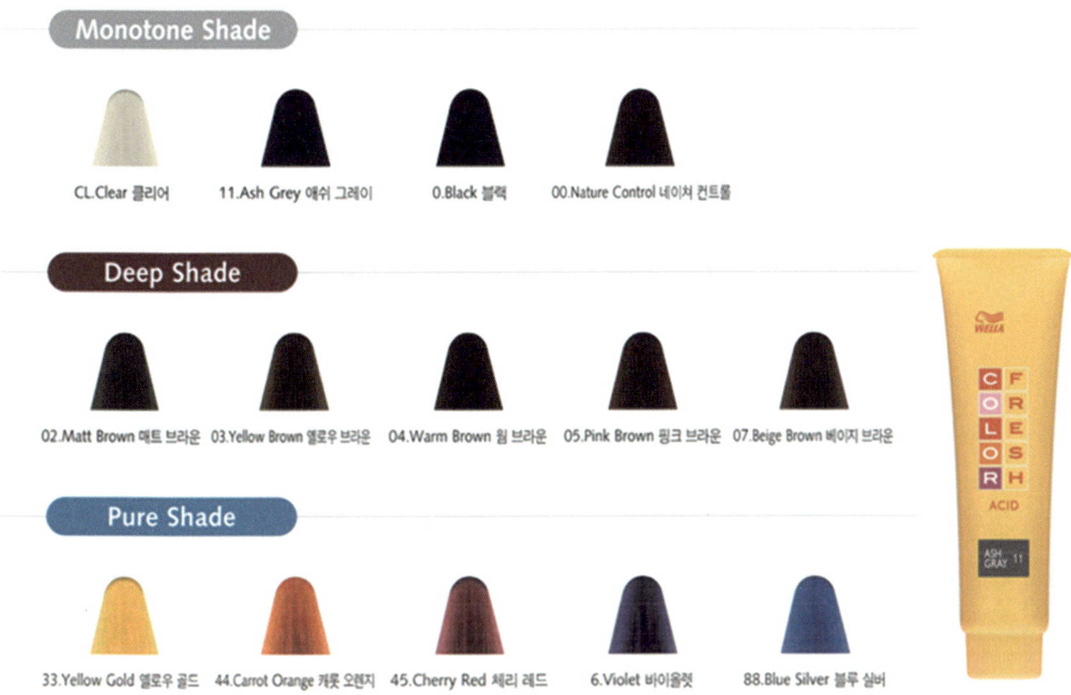

실습과정 포트폴리오

사용한 색상 :

예상 결과 색상 :

결과색상 :

시술 전 사진	시술 결과 정면

시술 결과 좌측면	시술 결과 우측면

3 모발 진단과 고객상담

헤어 컬러링을 하기 위하여 우선 염모제의 색상을 선정하고 컬러 차트를 이용하여 먼저 고객이 희망하는 색상을 선택한다. 그리고 고객의 모발 상태를 진단(신생모, 기염모), 비교하여 시술의 방법을 결정하고 이에 대하여 고객에게 설명한다. 이때 고객의 의견을 수렴하기 어려운 상황이라면 그에 따른 이유를 설명하고 계획을 수정 및 의견 교환을 통하여 합의점에 도달하여야 한다.

모발과 두피의 진단 방법

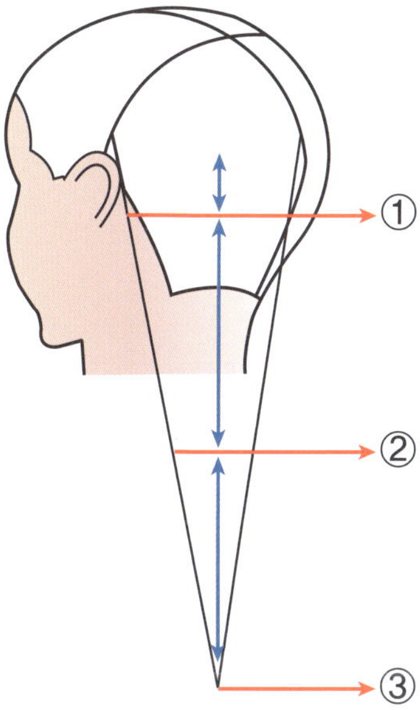

Level	현미경 확대	모발 확대
Level 0		
Level 1	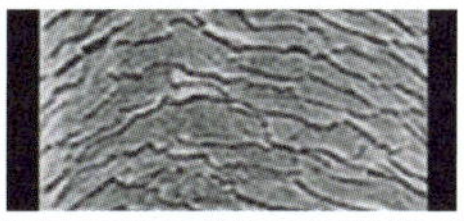	
Level 2	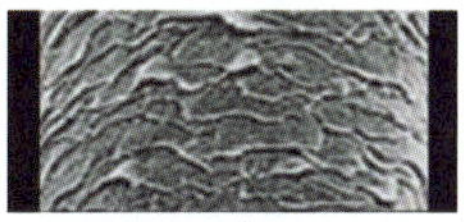	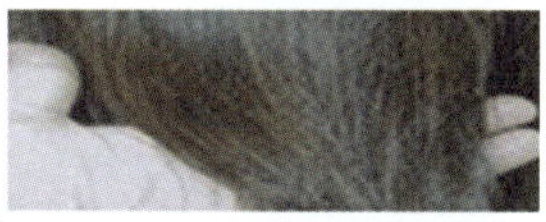
Level 3		
Level 4		

고객의 모발 진단

모발의 손상도 진단에 따른 전처리와 후처리 사용

고객상담

일반적으로 고객의 스타일 파악은 스타일의 만족도를 높이는 데 있어서 가장 중요한 부분이라고 말하여도 과언이 아닐 것이다. 아무리 스타일을 잘 연출하였다 하여도 고객의 만족도가 떨어진다면 그 후로 그 고객을 다시는 볼 수가 없게 될 것이다. 그러므로 고객의 스타일 파악이 중요한 하나의 과정이자 필수 요소라고 말할 수 있다. 고객이 평소 어떻게 스타일을 손질하는가에 관점을 가져야 할 것이다. 고객은 살롱을 다녀온 후 집에서 스타일을 연출한다. 그러나 전문가가 아니므로 평소 스타일의 손질 방법에 따라 손질을 하게 되므로 손질이 되지 않으면 스타일을 못 하는 살롱으로 생각하게 될 것이다.

고객의 꿈

고객은 살롱으로 방문할 때 3가지의 생각을 가지고 방문하게 된다.

고객의 유형	
고객의 유형	+ 고객 : 꿈. 이상을 가지고 오는 고객 예) 연예인 사진, 잡지 사진
	– 고객 : 문제를 가지고 오는 고객 예) 머리 손질의 문제. 색상 변화
	+– 고객 : 꿈, 문제 모두 가지고 오는 고객

제스처 테스트는 자신의 표현을 잘하는 고객과 평소의 손질을 어떻게 하는지를 파악할 때 유용하게 사용할 수 있는 방법이다.

T/A/L/K/I/N/G H/A/N/D/S

유형 진단법

제스처 테스트

1 고객이 거울을 등지게 앉힌다.
2 양해를 구한 뒤 평소 습관을 보기 위해 현재 스타일을 헝클어 뜨린다.
3 고객 스스로 평소 습관대로 연출하도록 한다.
4 자세히 관찰 후 기록한다(하는 중간중간 왜 그렇게 하는지 묻는다).
5 고객의 언어를 그대로 사용하여 요구조건을 확인한다. 시술 방법을 2가지 이상 제안한다.

스타일 테스트는 내성적 고객과 다른 스타일의 변화를 희망하는 고객에게 사용하기 유용한 방법이다.

T/A/L/K/I/N/G H/A/N/D/S

유형 진단법

스타일 테스트

1 기다리는 대기 시간을 이용한다.

2 스타일링 잡지(뷰티 잡지)와 빨강, 초록색 핀셉(핀컬러)을 준비하여 3개씩 준다.

3 고객 스스로 평소 습관대로 연출하도록 한다.

4 빨강 → 싫어하는 스타일

5 초록 → 좋아하는 스타일. 비주얼을 꼽도록 한다.

6 고객의 요구조건을 고객의 언어를 사용하여 파악한다.

7 시술한다.

고객 상담 카드

시술자명 :

1	이름		시술날짜					
2	주소							
3	전화번호		펌, 염색 등의 알레르기 상태	유	무			
	생년월일		두피 타입	비듬	지성	탈모	건성	민감성

4	얼굴형						
	타원형	원형	정방형	삼각형	장방형	마름모형	역삼각형
	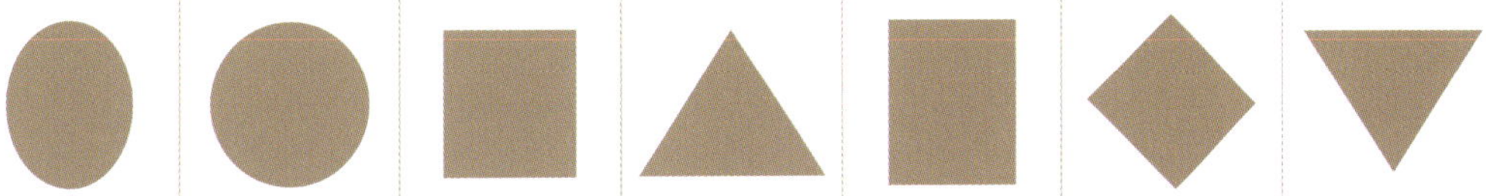						

5	모발 진단 및 시술 제안서 (백모량 :)	모발 손상도
		데미지레벨 0
		데미지레벨 1
		데미지레벨 2
		데미지레벨 3
		데미지레벨 4

6	모발의 길이		모량 : 많음 □ 보통 □ 적음 □			
	뿌리 염색		전체 염색			
	① 2cm	② 2cm 이상	③ 단발선	④ 어깨선	⑤ 가슴선	⑥ 가슴선 이상

7	최근 시설 내역(개월)	블랙 염색	새치 염색	염색( )	웨이브	스트레이트	클리닉
	최근 시설 내역(개월)	블랙 염색	새치 염색	염색( )	웨이브	스트레이트	클리닉

시술방법	

고객 진단 카드

날 짜 :

손님명 :

진단 내용				테크닉 처방	홈케어 처방
헤어 시술 상태 	현재 시술상태 원하는 시술	염색			샴푸
		퍼머			
		코팅			
		블리치			
		염색			트리트먼트
		퍼머			
		코팅			
		블리치			
		트리트먼트			
테스트	머리 외형	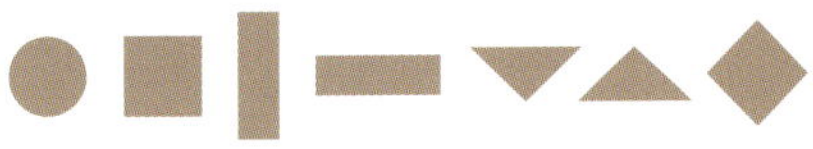			스타일링 제품
	볼륨	페이스라인 부분	S / M / L		
		헤너 탑 부분	S / M / L		
		네이프 부분	S / M / L		
	싫어하는 스타일				헤어케어 제품 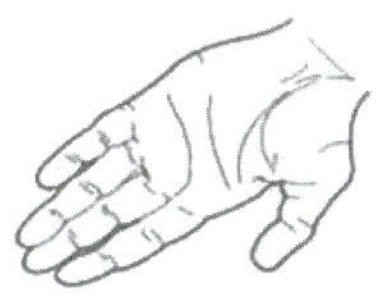 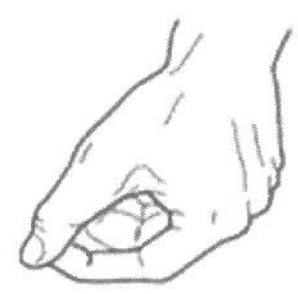
	좋아하는 스타일				
두피 상태	건조				
	정상				
모발 상태	건조모				
	정상모				
	손상모	손상			
		극손상			
샴푸 습관	1회	매일 이틀 기타 (일)			

특이사항 :

다음 방문 예정일 :

고객 진단 카드

날　짜 :

손님명 :

진단내용				테크닉 처방	홈케어 처방
헤어 시술 상태	현재 시술상태 원하는 시술	염색			샴푸
		퍼머			
		코팅			
		블리치			
		염색			트리트먼트
		퍼머			
		코팅			
		블리치			
		트리트먼트			
제스처 테스트	머리 외형	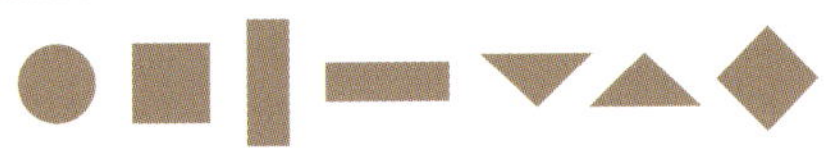			스타일링 제품
	볼륨	페이스라인 부분	S / M / L		
		헤너 탑 부분	S / M / L		
		네이프 부분	S / M / L		
	고객의 손동작	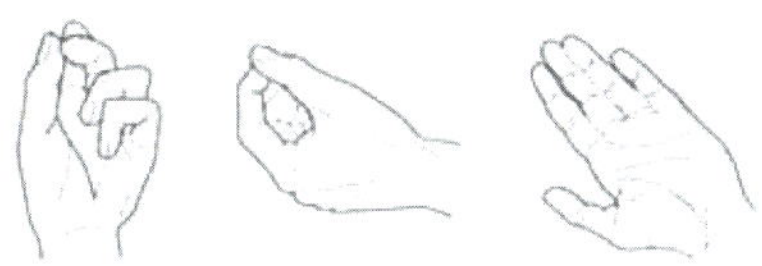			헤어케어 제품 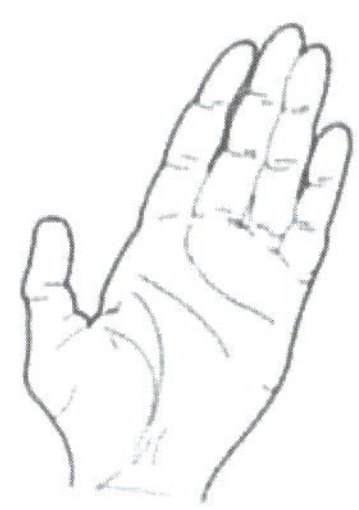
두피 상태	건조				
	정상				
모발 상태	건조모				
	정상모				
	손상모	손상			
		극손상			
샴푸 습관	1회	매일 이틀 기타 (　　　　　　　　일)			

특이사항 :

다음 방문 예정일 :

4 산화 영구염색의 패치 테스트와 스트랜드 테스트

패치 테스트

염색 산화의 중화 : 만일 염색이 진행되는 중에 고객이 가려움증이 생기며, 피부가 붉게 일어나며, 부풀게 되면 즉시 쉘러 세척으로 중화한다.

- 구성 : 1L 순수 물 + 150g의 염화나트륨 + 50ml의 과산화수소수 20vol.

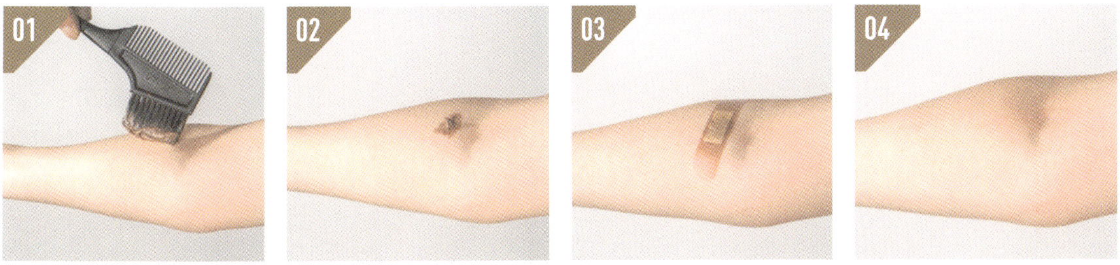

스트랜드 테스트

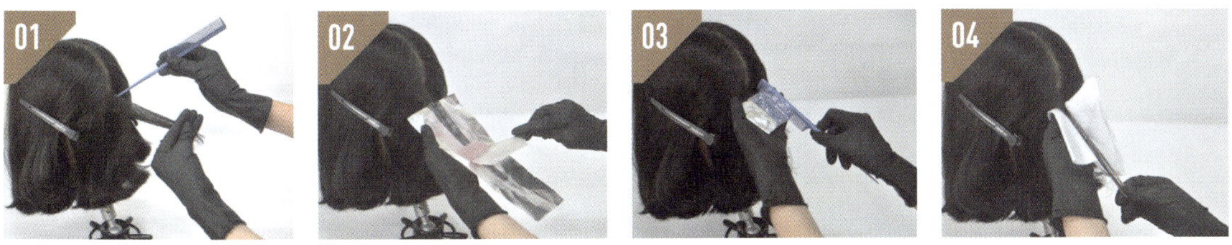

실습과정 포트폴리오

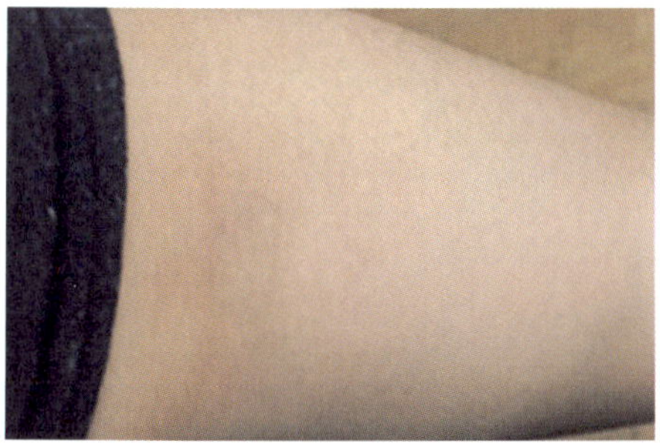

알레르기 반응 없음

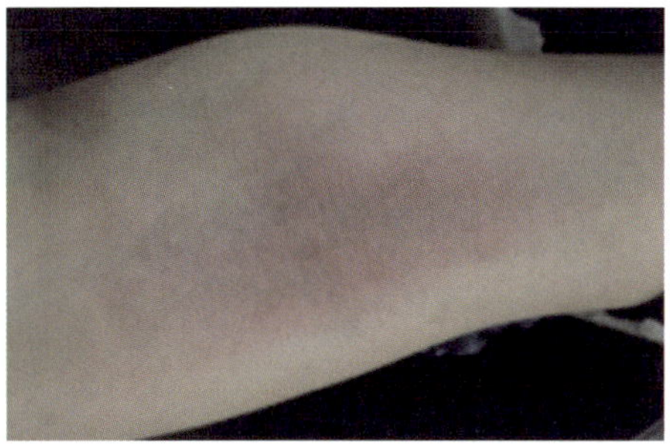

알레르기 반응 있음

패치 테스트 진행	패치 테스트 48시간 후

스트랜드 도포 과정	스트랜드 테스트 결과

5 산화 영구염색

염색 서비스를 제공하기 위하여 무엇을 먼저 준비해야 할까??

산화 영구 염모제는 모발에 영구적인 색상의 변화를 가져와 모발을 잘라내기 전까지 지속성을 가진다는 특성이 있다.

염모제(제1제)와 산화제(제2제)로 구성 시술 직전 제조사의 혼합 비율에 따라 혼합하여 모발에 도포 알칼리제에 의하여 표피의 팽창이 일어나며, 모피질에서 탈색의 반응으로 블리치 레벨을 만들며 발색의 반응으로 도포한 색상이 만들어진다.

무색의 색소 중간체(Dye intermediate)를 사용하고, 여기에 산화제(과산화수소, H_2O_2)가 작용 모발의 멜라닌 색소를 분해, 즉 탈색하는 동시에 색소의 중간체를 산화 중합 반응시켜 발색이 되어 결과의 색상을 만들어 준다.

염색의 결과 색상 = 블리치 레벨의 색상(탈색) + 도포한 색상(발색)

보편적으로 염모제는 제 1제와 제 2제를 1:1(혹은 제조업체에서 제안하는 혼합률)로 혼합하여 사용하게 되는데, 이때 pH는 9~11 정도 된다. 영구 염모제의 작용기전을 살펴보면 크게 3단계로 크게 나뉠 수 있다. 전 과정은 25~35분 정도의 시간이 필요하다.

자연모 레벨이란 모발의 밝고 어두운 정도를 일정한 등급으로 나눈 것을 의미한다. 사람의 모발은 멜라닌 색소의 함유량에 따라 각기 밝고 어두운 차이를 보인다. 이것을 자연모 레벨이라고 한다.

• 고객의 모발과 컬러차트 색상표 사이의 정확한 비교를 위해 안목을 훈련해 주두는 것이 매우 유익합니다.

1 흑색 Black

3 어두운 갈색 Dark Brown

4 갈색 Brown

5 밝은 갈색 Light Brown

6 어두운 황갈색 Dark Blonde

7 황갈색 Blonde

8 밝은 황갈색 Light Blonde

9 금색 Light Blonde

6 | 염모제의 넘버링 시스템

염모제의 명도(Base)

모든 제조사가 같은 숫자나 기호를 사용하고 있지는 않으나, 비슷한 구조를 가지고 사용하고 있다.

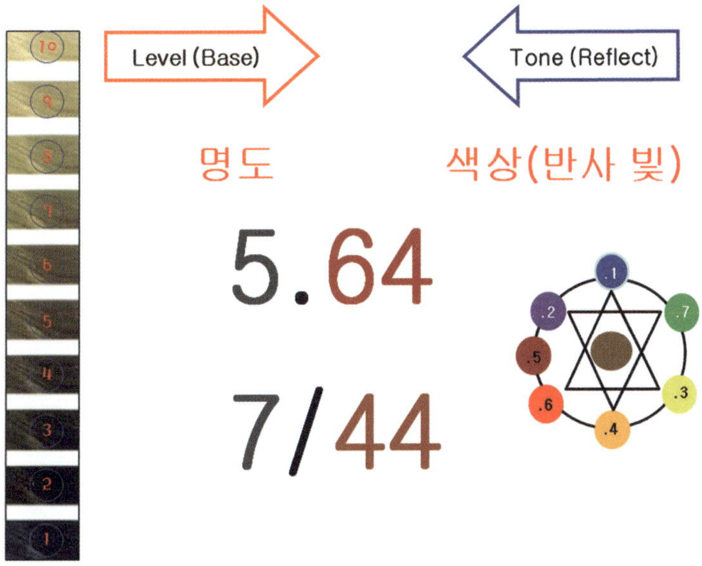

반사빛(Refrect)

점(.)을 기준으로 뒤의 숫자를 우리는 반사빛이라 부른다. 반사빛이란 우리가 볼 수 있는 색상을 의미한다.

7 염모제의 혼합

산화제의 혼합비율

산화 영구 염모제의 혼합은 제조사마다 차이가 있으나, 보통 염모제 + 산화제의 비율이 1:1 또는 염모제 + 산화제의 비율이 1:1.5의 비율로 혼합하여 사용한다. 반드시 제조사의 사용방법을 참고하여 산화제의 정확한 비율을 저울 또는 비커를 통하여 사용하는 것이 바람직하다.

8 자연모 도포

자연모란 화학적 시술을 전혀 하지 않은 모발을 의미하며 이런 경우 염색제의 도포 시에 모질의 상태에 따라 사전 연화 작업이 필요하며, 길이에 따라 투터치(Two touch) 기법을 사용한다.

자연모에서 원터치 도포 시 나타나는 문제

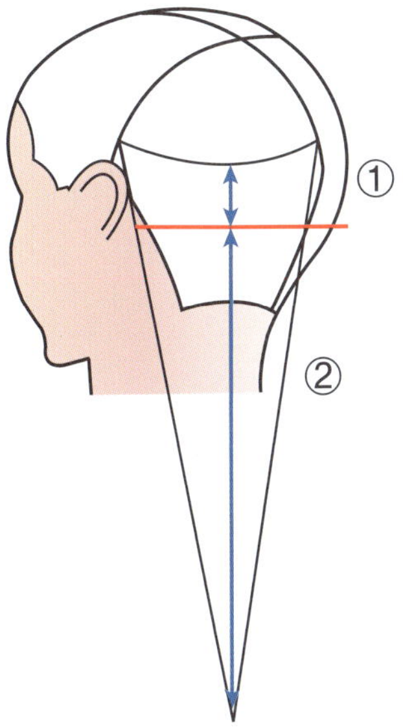

자연모 도포 방법

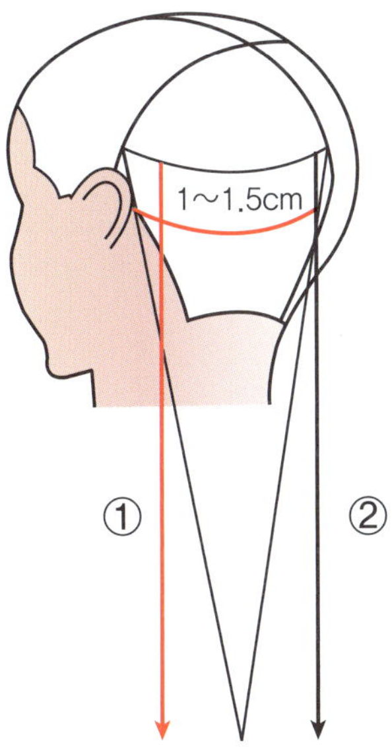

염색을 위한 블로킹

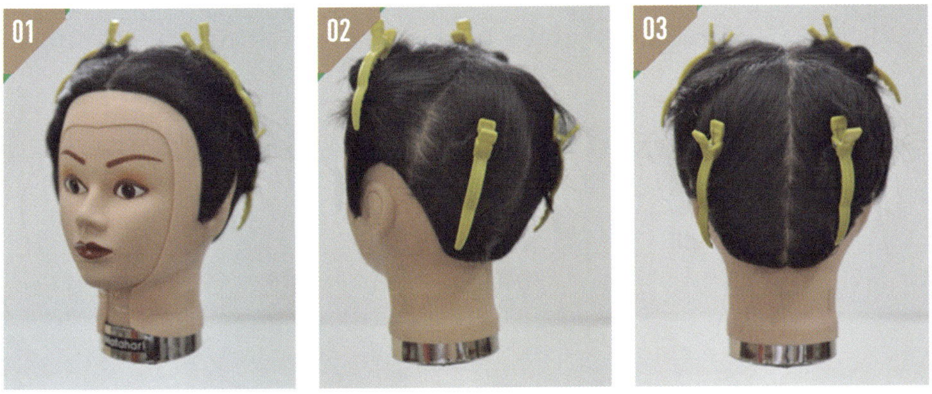

염모제의 도포

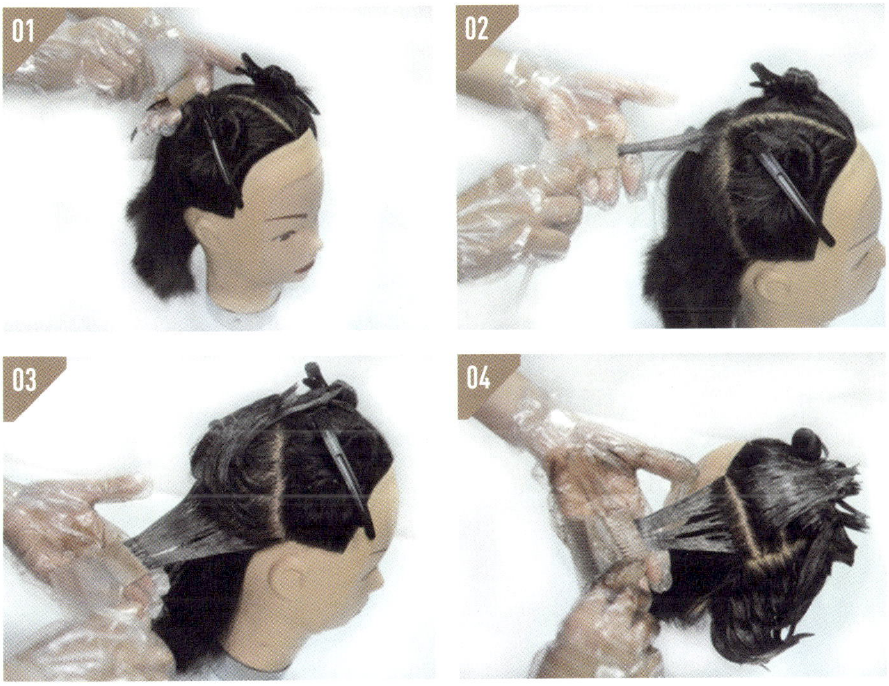

실습과정 포트폴리오

사용한 색상 :

예상 결과 색상 :

결과색상 :

시술 결과 정면	시술 결과 뒷면

시술 결과 좌측면	시술 결과 우측면

9 | 염색의 방치시간

제조사에서 제시하는 방치시간을 기본으로 한다. 방치시간은 결과의 색상에 매우 큰 영향을 미친다. 방치시간이 부족하면 탈색과 발색이 떨어져 정확한 결과의 색상뿐만 아니라 유지력도 떨어지게 된다. 만일 방치시간을 오버타임 한다면 색은 탁하고 어두워지는 결과색상을 얻게 된다.

도포 직후

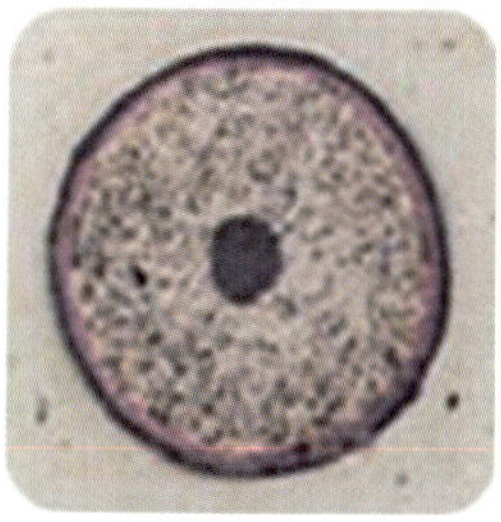

염료가 모발 내부까지 빠르게 침투

10분 후

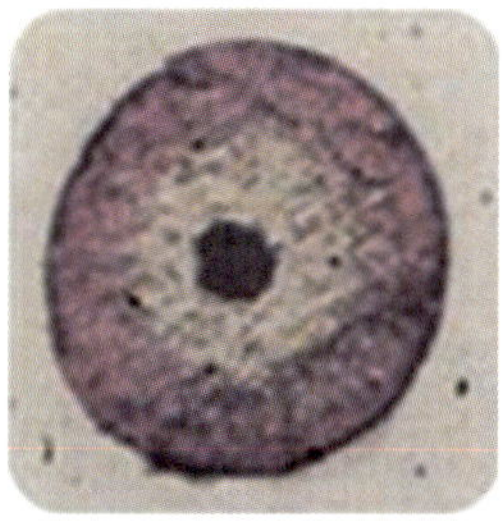

침투함과 동시에 중합반응에 의해 발색이 진행된다.

20분 후

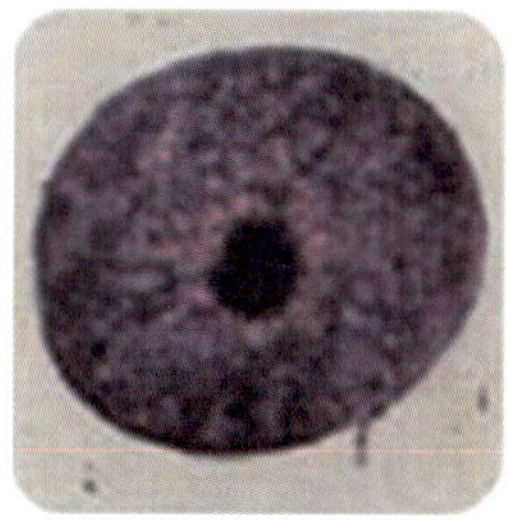

중합반응이 한층 더 진행되어 염료가 뚜렷하게 발색되며, 발색은 그 후에도 진행된다.

Tip

염색제의 제조사마다 차이는 있으나 보편적으로 자연 방치 30~40분 정도의 방치시간을 갖는다. 이때 자연 방치는 실내의 실온을 기준으로 말하며 온도가 떨어지는 경우는 탈색과 발색력이 떨어져 결과색상에 영향을 미친다.

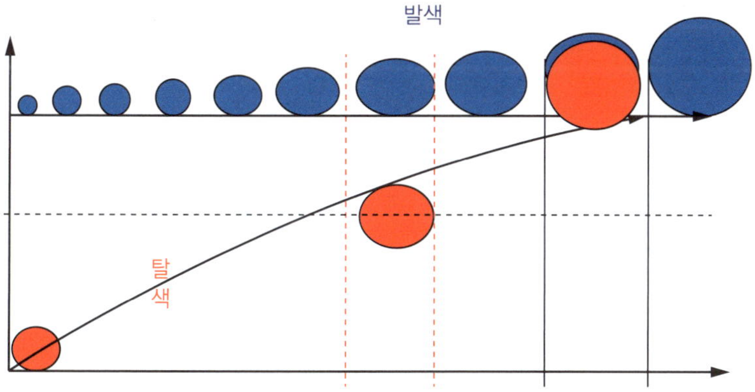

이상적인 방치 시간

10 염색의 결과색상

산화 영구염색의 결과색상은 탈색 작용으로 만들어진 블리치 레벨과 발색의 과정으로 만들어진 도포한 색상이 합쳐져서 나타나는 것이다.

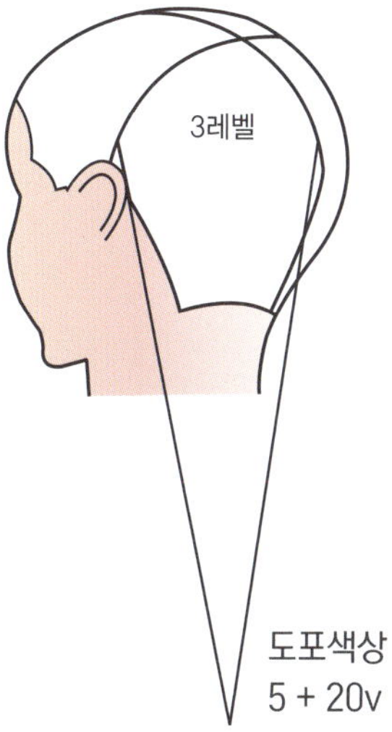

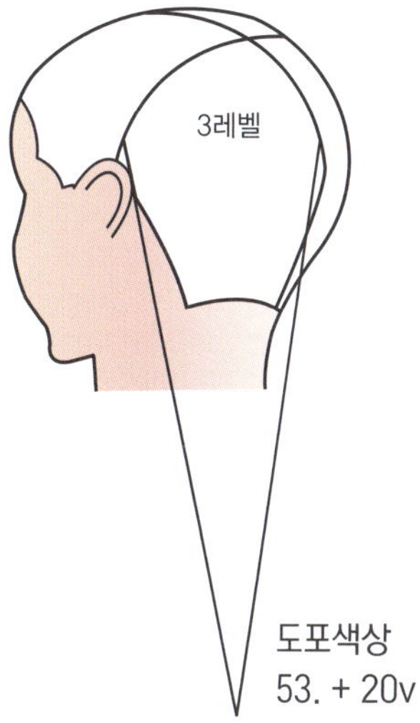

	블리치 레벨	도포 색상	결과 색상
5	5.64	5	5.64

	블리치 레벨	도포 색상	결과 색상
5	5.64	5.3	5.64

다양한 염색의 결과색상

	블리치 레벨	넘버링으로 전환
10	아주 밝은 노랑	10.03
9	밝은 노랑	9.3
8	노랑	8.3
7	노랑 오렌지	7.43
6	오렌지	6.4
5	붉은 오렌지	5.64
4	빨강	4.6
3	어두운 빨강	
2	빨강(적보라)	
1	검정	

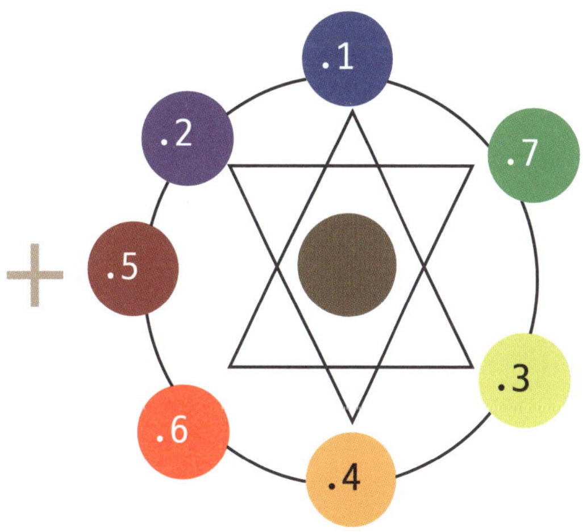

실습과정 포트폴리오

BL 4번	BL 5번	BL 6번	BL 7번	BL 8번	BL 9번	BL 10번

도표색상

반사빛	염모제 도포 사진 스크랩	반사빛	염모제 도포 사진 스크랩
1		2	
3		4	
6		7	

11 액상화와 염색샴푸

에멀션은 염색 방치시간이 끝나기 약 3~5분 전 모발과 두피에 부드럽게 마사지하는 것을 말한다. 이는 두피와 모발에 남아 있는 염모제의 잔여물을 제거하기 위한 목적으로 시술한다.

에멀션의 효과

헤어 컬러링 서비스 제공 후 샴푸는 컬러 전용 샴푸로 시술하는 것이 중요하다. 이 샴푸들은 약산성으로 산화 방지의 역할을 하는 비타민E와 모발에 보습과 영양을 주며, 컬러의 색상을 선명하고 오래 유지될 수 있도록 도와준다.

샴푸제

컨디셔닝제

Hair Color Consultant

Part 06

재염색 이야기

1 재염색의 일치성과 염색방법

재염색이란 염색 후 새로 자란 모발을 새로이 염색하거나 기존 염색한 모발에 새로이 염색하는 것을 의미한다.

재염색 시 색상의 일치성

	남아있는 반사 빛	희망하는 색상	색상의 일치성 유무
1	1	2	
2	2	3	
3	3	4	
4	4	5	
5	5	6	
6	6	4	
7	7	6	
8	4	3	
9	5	4	
10	6	4	

2 연연장 기법

기염모의 도포하는 방법으로 손상을 최소화하고 신생모와 기염모의 결과색상을 정확히 연결하는 방법이다.

구분	기염모 퇴색정도	기염모 도포시기	방치시간
직연연장	퇴색이 많다	신생모 도포 직후 도포	자연방치 30~ 35분
반연연장	중간 정도 퇴색	신생모 도포 15~ 20분 후	자연방치 20~15분
종연연장	퇴색이 거의 없음	신생모 도포 30분	자연방치 5분

• 시술 방법

• 온수의 효과(90~95도)

예시

신생모의 명도가 3레벨에 길이가 2cm이며, 기염모의 블리치 레벨은 3레벨에서 6.45이며, 고객이 희망하는 색상은 6.66(진한 적빛 어두운 황갈색)이다.

시술방법

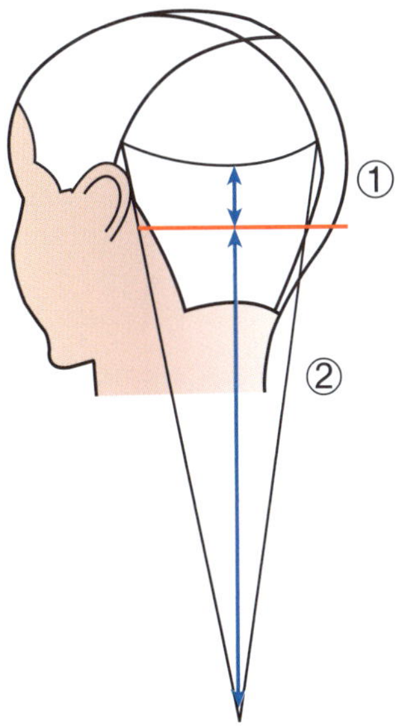

3 클린징(Cleansing) 기법

재염색 시 희망색상이 기염모의 색상과 일치성이 없는 경우 기염모의 일치성이 없는 반사빛을 제거하는 방법을 의미한다.

일치성이 없는 반사빛 제거

Cleansing

- 반사빛의 제거로 얼룩과 손상을 최소화할 수 있음
- 일치성이 없는 반사빛의 제거(Cleansing)

탈색제 + 산화제 20V(6%) + 온수 + 샴푸
(40g : 40ml : 40ml : 40ml)

- 희망 색의 도포는 직연연장

시술 방법

예시

신생모의 명도가 3레벨에 길이가 2cm이며, 기염모의 블리치 레벨은 3레벨에서 6.45이며, 고객이 희망하는 색상은 6.35(자주금빛 어두운 황갈색)이다.

시술방법

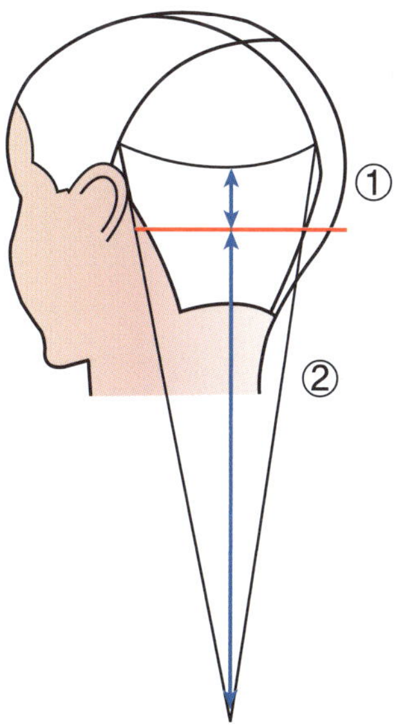

4 재염색의 레벨업 기법

재염색의 레벨업 기법을 딥 클린징(Deep Cleansing)이라 하며, 이는 기염모에 인위적인 색소의 제거와 레벨업을 위한 목적으로 사용한다. 또한 Deep Cleansing(딥 클린징) 시 Cleansing(클린징)을 필수로 시술한다.

컬러 체인지

기염모의 레벨업 - Deep Cleansing

- 반사빛의 제거로 얼룩과 손상을 최소화할 수 있음
- 일치성이 없는 반사빛의 제거(Cleansing) 후

탈색제 + 산화제 20V(6%) + 온수 + 샴푸
(40g : 40ml : 40ml : 40ml)

- 탈색이 잘 되지 않는 부분적인 탈색(Deep Cleansing)

탈색제 + 산화제
(1 : 2~3)

부드럽게 마사지 원하는 레벨이 나오면 가볍게 샴푸를 한다.

시술 방법

예시

신생모의 명도가 3레벨에 길이가 8cm이며, 기염모의 블리치 레벨은 5레벨에서 6.4로 전체적으로 얼룩이 있으며, 고객이 희망하는 색상은 7.43(금 구리빛 황갈색)이다.

시술방법

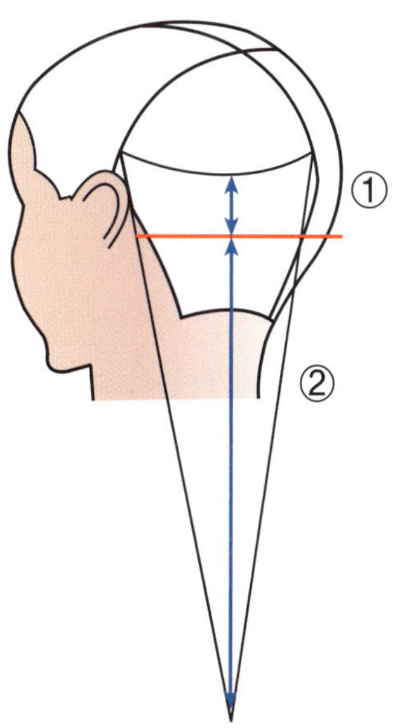

5 재염색의 레벨다운 기법

일반적으로 기염모가 밝은 상태에서 그보다 어두운 색상을 시술 시 정확한 결과색상을 얻을 수가 없게 된다. 이유는 모든 결과색상은 블리치 레벨과 희망색상이 합쳐져 결과를 얻게 되는데, 이미 블리치 레벨을 제거하였기 때문이다.

필러(Filler)색상이란 보충색이라 하며, 이미 제거된 멜라닌 색소를 보충하여 같은 결과색상을 얻기 위해 제거된 블리치 레벨을 보충하여 주는 색상을 말한다.

[예시]

로레알의 휠러 색상 4- 4.56, 5- 5.64, 5.5, 6- 6.45, 7- 7.43, 8- 8.3(블리치 레벨과 유사), 웰라의 휠러색상- 5/00, 6/00, 7/00, 8/00, 9/00(명도조절 목적), 네이쳐 컨트롤의 색상(기본색상)을 활용할 수 있다.

	블리치 레벨	블리치 레벨 (넘버링)	휠러색상	
10	아주 밝은 노랑	10.03		
9	밝은 노랑	9.3		
8	노랑	8.3		
7	노랑 오렌지	7.43		
6	오렌지	6.4		
5	붉은 오렌지	5.64		
4	빨강	4.6		
3	어두운 빨강			
2	빨강(적보라)			
1	검정			

6 컬러 매치(Color match)

기염모 손상이 거의 없고 희망색상이 기염모보다 2레벨 미만 어두워질 경우 시술하는 방법이다.

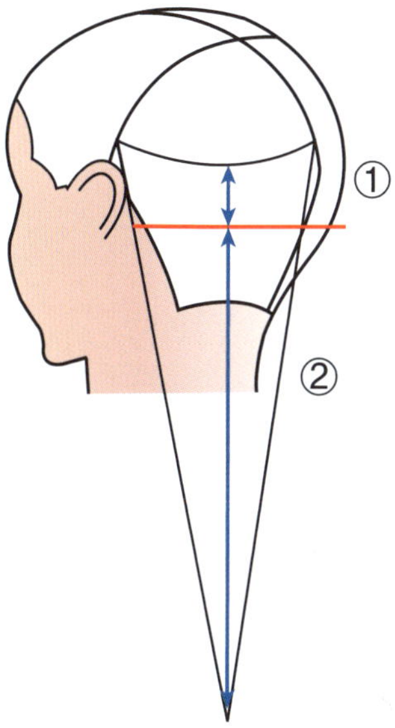

1 ① 원하는 색상 + 산화제

2 ② 남은 염모제 + 온수(10~15cc) + 휠러색상(3~5cm)

3 ② 직연연장 도포 후 35분

시술 방법

예시

신생모의 명도가 3레벨에 길이가 3cm이며, 기염모의 블리치 레벨은 5레벨에서 7.43이며, 고객이 희망하는 색상은 5.64(구리적빛 밝은 갈색), 기염모의 손상은 없는 상태이다.

시술방법

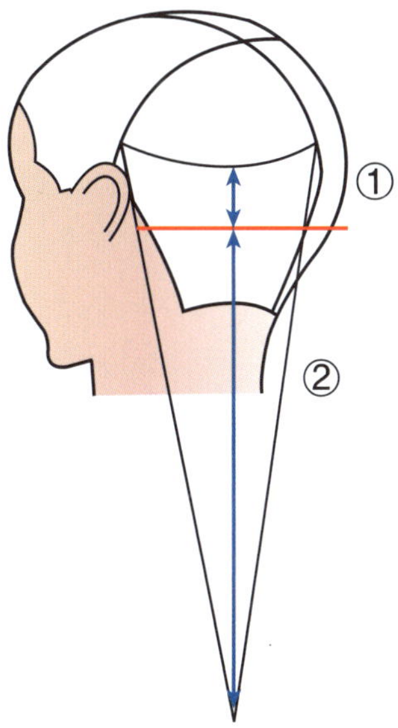

7 프리 피그멘테이션(선착법, Pre-pigmentation)

기염모의 손상이 있으며 희망색상과 비교 3레벨 이상 어두워질 때 시술하는 방법이다. 단 레벨의 차이가 2레벨 미만으로 어두워져도 기염모의 손상이 있을 시 프리 피그멘테이션 기법을 사용한다.

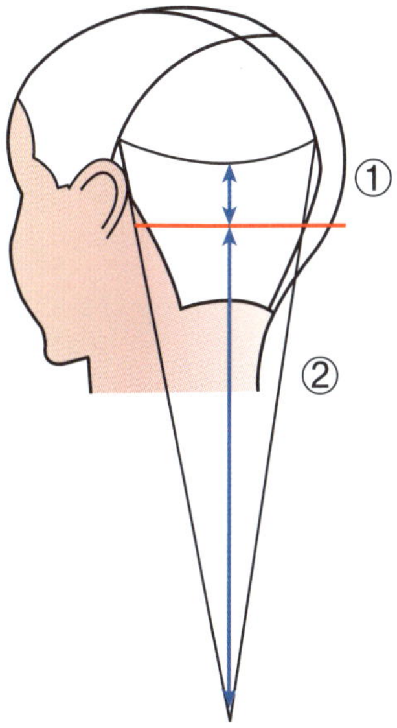

1 ② 휠러색상 + 온수 → 기염모

2 ① 원하는 색상 + 산화제 → 신생모

3 ② 남은 염모제 + 온수(10~15cc)
직연연장 도포 후 35분

시술 방법

예시

신생모의 명도가 3레벨에 길이가 3cm이며, 기염모의 블리치 레벨은 5레벨에서 7.43이며, 고객이 희망하는 색상은 5.64(구리적빛 밝은 갈색), 기염모의 손상이 많은 상태이다.

시술방법

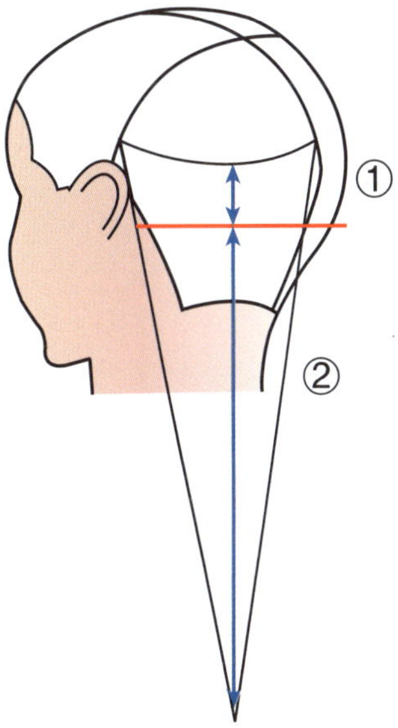

실습 진행요령

① 먼저 로레알 4번 또는 웰라(6/0) 염모제로 염색된 가발을 4등분한다.

② 그림에서 보는 것과 같이 시술을 한다.

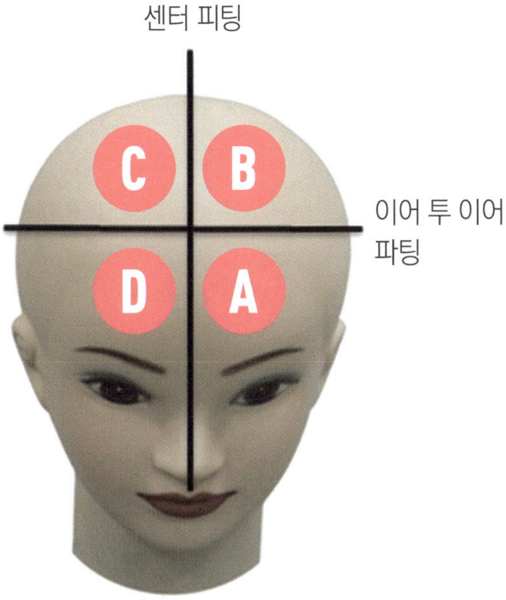

A 1. Cleansing

B 1. Cleansing
2. Deep Cleansing BL6(오렌지)
3. 직연연장

C 1. Cleansing
2. Deep Cleansing BL8(노랑)
3. P.P(filler 8/00 + 온수 + 산화제) - 도포
4. 직연연장

D 1. Cleansing
2. Deep Cleansing BL8(노랑)
3. 직연연장

③ 전체(A, B, C, D)를 cleansing한다.

④ 다음(C, D)을 deep cleansing하여 블리치 레벨(8번 노랑)까지 만들고, 가발(B, C, D)을 deep cleansing 하여 블리치 레벨(6번 오렌지)까지 올린다.

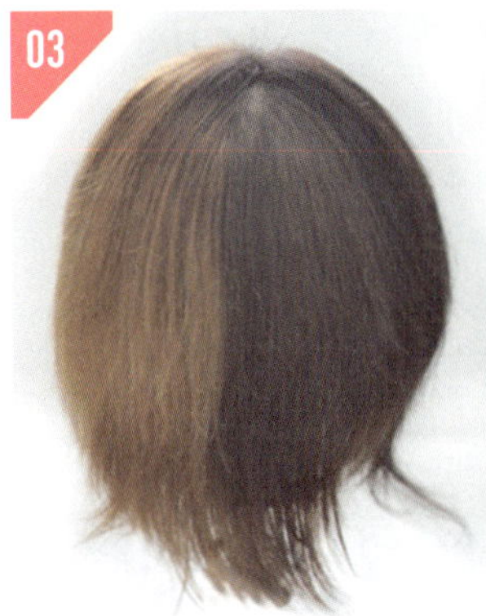

⑥ 다음(C) 부분에 필러색상 8/00+ 온수 + 산화제(2: 1: 1)로 혼합하여 소량을 도포한다.

⑦ 희망색상 8/34와 산화제를 혼합하여 (B, C, D)를 도포하여 결과를 만든다.

실습과정 포트폴리오

사용한 색상 : ______ **예상 결과 색상 :** ______ **결과색상 :** ______

시술 결과 정면	시술 결과 뒷면

시술 결과 좌측면	시술 결과 우측면

실습과정 포트폴리오

사용한 색상 :

희망 색상 :

결과색상 :

시술 전 사진	시술 결과 정면

시술 결과 뒷면	시술 결과 측면

Hair Color Consultant

Part 07

호일워크 이야기

1 호일워크 작업을 위한 준비

시술 전에 호일, 위빙콤, 호일워크 브러쉬, 염모제, 벨트, U핀, 싱글핀, 타월(위빙 콤 뒤끝에 묻어있는 염모제를 닦기 위해 사용)을 트레이 위에 준비해 놓는다.

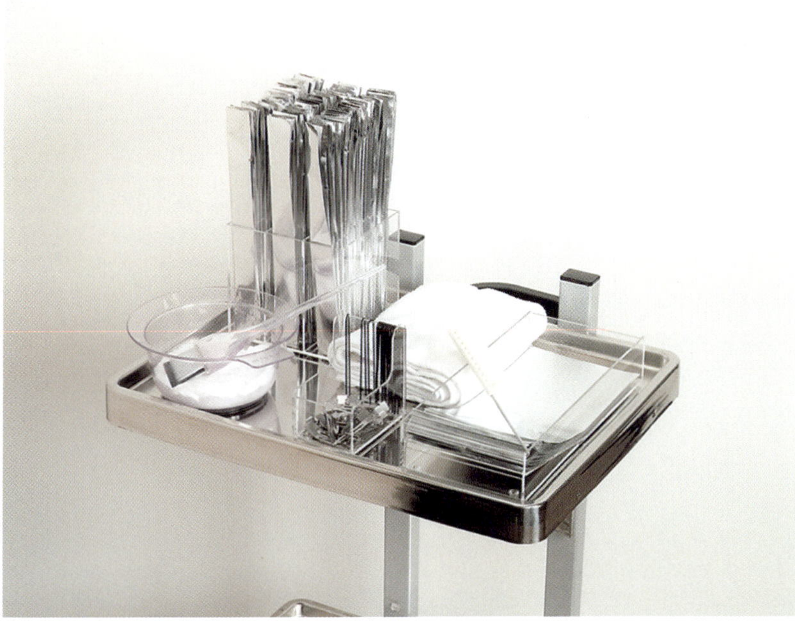

(자료제공: 밀본 코리아)

2 호일워크 작업

- 블로킹 시간 : 4분
- 호일워크 작업 전체 작업시간 : 33분 20초(슬라이스당 40초)
- 마무리 작업시간 : 2분 40초

두상의 영역	호일 수	칩의 개수	호일워크시간
네이프존(Zone)	12장	30개	8분
미들존(Zone)	12장	46개	8분
트라이앵글존(Zone)	8장	28개	5분 20초
사이드존(Zone)	8장	30개	5분 20초
톱존(Zone)	10장	40개	6분 40초

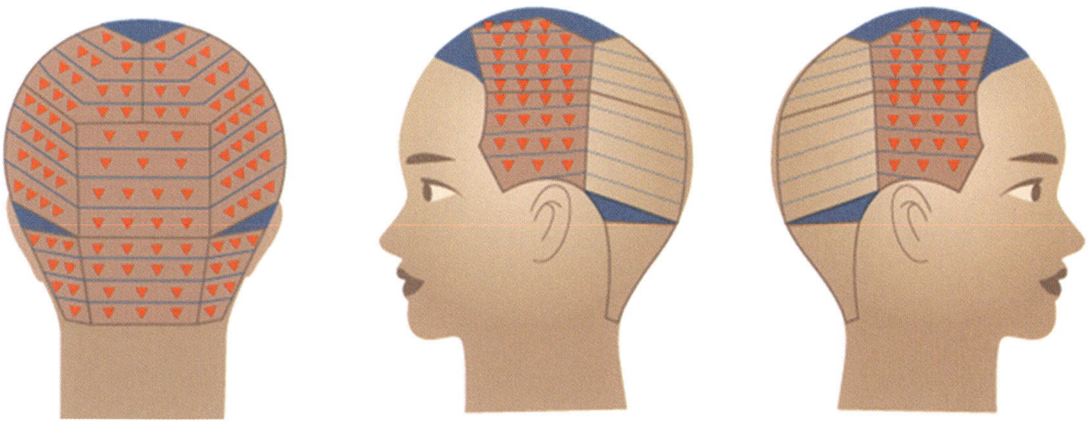

영역별 블로킹

영역(존)	내용
프런트존	센터 라인을 중심으로 폭 3cm, 길이 6cm의 삼각형으로 만든다.
톱존	센터 라인 위에서 프런트 박스로부터 6cm의 부분을 기점으로 하여 모발이 자연스럽게 떨어지는 위치에서 E.P~ E.P로 나눈다.
사이드존	사이드존은 프런트 박스에서 이어 사이드 코너 포인트(Ear side corner point)까지 6cm, E.P~ E.P 라인은 톱으로부터 약 8cm 밑을 각각 묶어서 상하 2등분으로 나눈다.
트라이앵글존	센터파트, 톱의 기점에서 약 8cm 밑을 각각 답존과 사이드존 라인의 연장선 위에서 연결한다.
미들존	그림과 같이 정사각형이 되도록 센터파트를 중심으로 3cm씩 타트(가로와 세로의 폭과 길이가 6cm 정사각형이 된다), 미들존 중심으로 왼쪽 사이드와 오른쪽 사이드는 사이드존 라인의 연장선 위에서 연결한다.
네이프존	네이프존은 미들존을 연장선 중심으로 3등분한다.

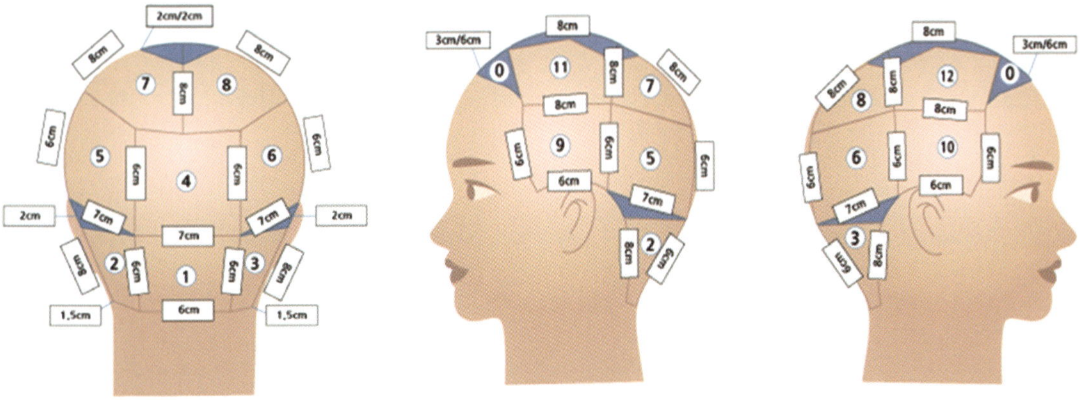

호일워크 시 칩 뜨는 방법

① 섹션 1.5cm를 떠 하단 0.5cm 슬라이스(블링크)와 상단 1cm 슬라이스(칩과 피치)를 나누어 뜬다.

② 상단 1cm 슬라이스한 판넬을 검지와 중지 사이에 끼워서 살짝 당겨 팔꿈치를 손가락과 평행이 되도록 지탱하는 것이 포인트이다.

③ 칩을 뜰 때 꼬리빗을 눕히지 않고 수직으로 칩을 뜬다.

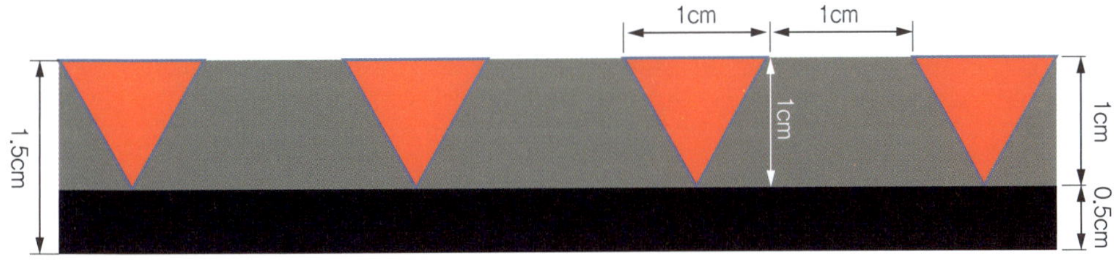

칩(Chip) - 1cm	꺼낸 머리카락
피치(Pitch) - 1cm	칩과 칩의 간격
블랭크(Blank) - 0.5cm	아무 것도 처리하지 않았던 부분

호일 접는 방법

① 손바닥을 펴서 호일을 수평이 되도록 펴서 올린다.

② ①번과 같이 꼬리 빗으로 포일의 중간 부분에 대고 하단 부분을 위로 접는다.

③ 엄지로 호일의 끝을 맞추고 빗 꼬리를 넣어 중심부를 나눈다.

④ ②번과 같이 호일의 아래 1/3 위치의 부분을 같은 방법으로 접는다.

⑤ 양 사이드의 1cm 정도 안쪽으로 빗살로 대어 받치고 있는 손바닥에 눌러 가운데로 접어 넣는다.

⑥ 접어 넣을 때 빗등으로 접는 부분을 눕혀 가볍게 눌러준다.

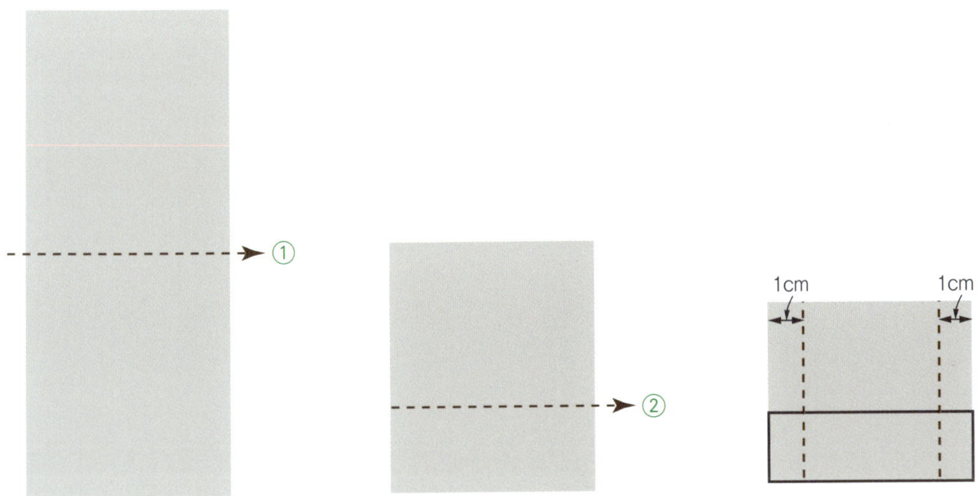

호일워크 작업 순서

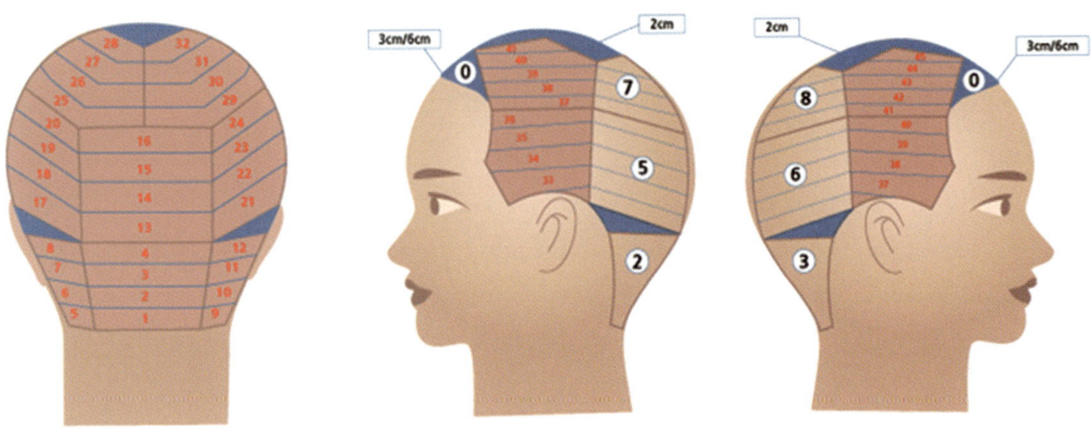

실습과정 포트폴리오

<table>
<tr><th>섹션별 진행 방법</th><th>섹션별 진행 사진 포트폴리오</th></tr>
<tr><td>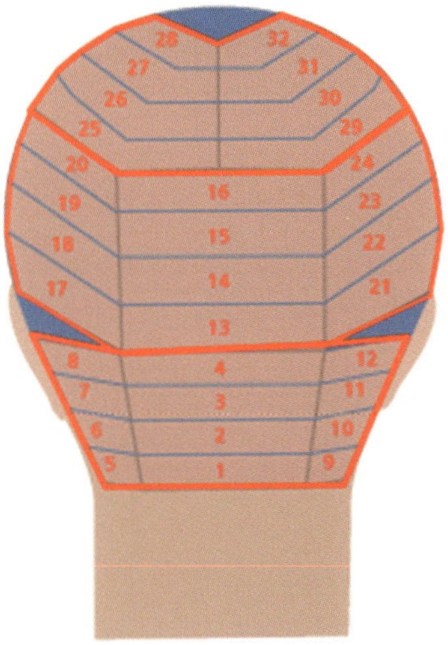
</td><td></td></tr>
<tr><td>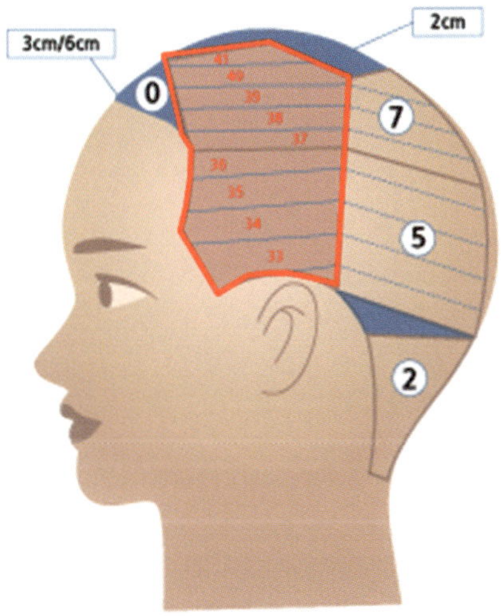
</td><td></td></tr>
<tr><td>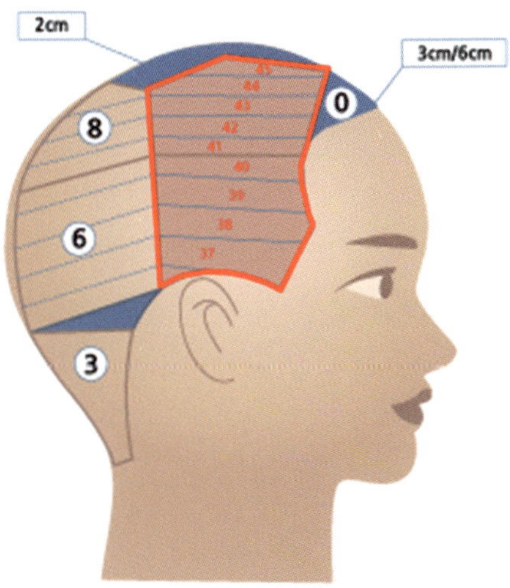
</td><td></td></tr>
</table>

2차 색상과 중화 색상

이름 :

학번 :

파랑	빨강	노랑	초록	보라	오렌지	오렌지 중화 색상	초록 중화 색상	보라 중화 색상

블리치 레벨 차트

이름 : ______________ 학번 : ______________

자연모 3번	4번	5번	6번	7번	8번	9번	10번

1cm

산화제 종류별 결과

탈색제와의 혼합 비율에 따른 결과

3%(BL 5)	6%(BL 5)	9%(BL 5)	1 : 1	1 : 2	1 : 3	1 : 2 : 1	1 : 2 : 1 : 1

잿빛 결과색상 차트

이름 : ____________________ 학번 : ____________________

자연모 3번	4번	5번	6번	7번	8번	9번	10번

보라빛 결과색상 차트

이름 :

학번 :

자연모 3번	4번	5번	6번	7번	8번	9번	10번

이름 :

매트한 빛 결과색상 차트

학번 :

자연모 3번	4번	5번	6번	7번	8번	9번	10번

금빛 결과색상 차트

이름 :

학번 :

자연모 3번	4번	5번	6번	7번	8번	9번	10번

구리빛 결과색상 차트

이름 : ____________　　　　학번 : ____________

자연모 3번	4번	5번	6번	7번	8번	9번	10번

적빛 결과색상 차트

이름 :

학번 :

자연모 3번	4번	5번	6번	7번	8번	9번	10번

벡모커버 결과색상 차트

백모(%) 3번	___색상	___색상	___색상	___색상	___색상	___색상	___색상